ゼロからはじめる メルカリ

売り買いを
もっと楽しむ!

桑名由美
YUMI KUWANA

JN026704

Starting from zero
mercari
guidebook

技術評論社

CONTENTS

第1章

メルカリを始めよう

第2章

ほしいものを探して購入しよう

第 **3** 章

身近なものを出品してみよう

 **CONTENTS**

第4章

もっと買ってもらうための出品テクニック

第5章

効率よくスムーズに取引するためのテクニック

第 1 章

メルカリを始めよう

Section 01

メルカリって どんなサービス?

テレビCMや雑誌などでよく見かけるメルカリですが、まだよく知らない人もいるかもしれません。これからメルカリを始めようとする人のために、どんなメリットがあって、どんなことができるかを説明しましょう。

🎁 メルカリとは

公園や広場で開催されているフリーマーケットは、売る人と直接会話をしながら買い物ができる楽しさがあります。ですが、なかなか一人で参加するのは勇気がいるものです。売る側も、出店手続きが大変だったり、天候が悪いと中止になったりするので、ためらってしまう人も多いと思います。

そこでインターネット版フリーマーケットの「メルカリ」です。メルカリを始めると、他の人が売っている物をいつでも買うことができ、誰でも簡単に出品できるようになります。もちろん天候に左右されることもありません。

スマホの「メルカリ」アプリの画面。

パソコンでアクセスした「メルカリ」の画面。

🎁 メルカリでできること

● 購入

メルカリの商品一覧に並んでいる物は、誰でも買うことができます。実際のフリーマーケットのように、商品について質問することも、値下げをお願いすることも可能です。

● 出品

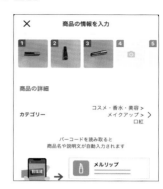

自分で商品を出品して売ることができます。今までゴミとして捨てていた物やリサイクル料を払って引き取ってもらっていた物もメルカリで買ってもらえます。

● 売ったお金で買い物

商品を売って得たお金でメルカリ内の商品を買うことができます。また、メルペイに加盟しているお店でも買い物ができます。

● 売ったお金を受け取る

商品を売ったお金を実際のお金にしたいときは、メルカリに申請して自分の銀行口座に振り込んでもらいます。ただし、金額にかかわらず振込手数料200円がかかります。

Section 02 メルカリで売り買いできるもの

メルカリの商品は、ネットショップのように新品ばかりではありません。「不要品を売る人」と「中古でもよいから安く手に入れたい人」の間で取り引きされるので、汚れやシミがある物や故障している物もたくさん売り買いされています。

🎁 メルカリで売られている物

● 新品・未使用品

もらったけれど使わない物やサイズ間違えで購入した物などが新品・未使用品として売られていて、お店よりも安いので買う人がいます。

● 中古品

財布、衣服、バッグ、コスメなど、昔使っていた物や途中まで使った物が売られていて、使用済みの物でも気にしない人が買っています。

● シミや傷がある物

洋服の目立たない部分にシミがあったり、擦り切れていたりしていても、補修して使う人もいます。

● ジャンク品

水没して電源が入らないスマホ、キーボードが壊れたノートパソコンなどの故障品も、修理したり、部品を抜き取って別の機器にはめたりして使う人もいます。

🎁 メルカリで売られている意外な物

●お酒の空瓶

お酒が入っていない空瓶がたくさん売られています。買う人は、コレクションやお店のディスプレイとして使っています。

●トイレットペーパーの芯

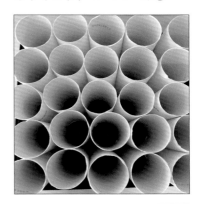

夏休みの工作や実験用に使われます。ペットボトルの蓋、アイスの棒、ワインコルクなども出品されています。

●貝殻

貝殻は、ハンドメイドの材料や飾り物として売り買いされています。あさりやホタテなどの食用の貝殻も売られています。

●空箱・紙袋

スマホの空き箱は、スマホを出品する人が買っています。また、ブランドの紙袋なども人気があります。

Section 03 メルカリで使用できる支払い方法

メルカリでは、クレジットカードを持っていなくても、銀行口座を開設していなくても買い物をすることができます。また、お給料日前でお金がないときには、翌月にまとめて支払う方法もあります。

メルカリで使える支払い方法

メルカリでは、個人情報を必要以上に開示せず、安心して支払いができる仕組みになっています。商品を買う時には、お金を一旦メルカリに渡すので、相手の口座に直接振り込むことはしません。

複数の支払い方法があり、商品を購入するときに選択できます。商品を売って得たお金で買うことも、クレジットカードで支払うことも可能です。

クレジットカードを持っていない場合はコンビニやATMで支払いができますが、その場合は商品代金の他に毎回手数料がかかることを覚えておきましょう。

支払い方法や支払い手数料は変更されることもあるので、「メルカリガイド」の支払いに関する説明ページ「https://help.jp.mercari.com/guide/categories/6/」を参照してください。

購入時の支払い方法選択画面。

●①ポイント・メルペイ残高払い

メルカリで売ったお金でポイントを購入して支払いができます。本人確認（Sec.10で解説）が済んでいる場合は、ポイントを購入しなくても自動的にメルペイ残高に移行して支払いができます。決済手数料はかかりません。

●②クレジットカード払い

決済手数料がかからず、商品代金以外の出費がないので（送料込みでない商品はプラス送料がかかります）お得な支払い方法です。

●③コンビニ払い

セブン・イレブン、ローソン、ファミリーマートなど、近所のコンビニで支払いができます。決済ごとに手数料100円がかかります。また、30万円以上の支払いはできません。

●④ATM払い

コンビニのレジや銀行の窓口に並ぶのが面倒な場合、銀行や駅などにあるATM（現金自動預払機）で支払いができます。手数料は決済ごとに100円で、30万円以上の支払いは不可です。

●⑤キャリア決済

契約している携帯電話会社の支払い（d払い（ドコモ）、auかんたん決済、ソフトバンクまとめて支払い）が使えます。決済ごとに手数料100円がかかります。dポイントでの支払いも可能です。

●⑥メルペイスマート払い

翌月一括払いができます。精算時にメルペイ残高やクレジットカードを使うと手数料はかかりません。コンビニやATMで支払う場合は、支払額によって¥220~¥880の手数料を支払うことになります。また、一括でなく、清算を月々にわける「定額払い（手数料：実質年率15%）」もあります。

●⑦その他

キャンペーンや招待くじでもらったポイントで支払いができます。また、ファミリーマートの決済サービス「FamiPay」、iPhoneの「Apple Pay」も使えます。いずれも決済手数料はかかりません。

メルカリで利用できる発送方法

売れた商品を購入者に送る方法はいろいろあります。どれを使ってもかまいませんが、「メルカリ便」という配送方法なら簡単かつ安心して送れるのでおすすめです。料金も通常の宅急便よりお得なので積極的に利用するとよいでしょう。

おすすめ配送方法

商品の発送方法は、売る人が出品時にサイズや重さをはかって、商品情報の画面に載せます（「未定」も可）。一番おすすめなのは「メルカリ便」です。メルカリ便を使うメリットは、「宛名書き不要」「匿名で配送できる」「補償がある」「追跡ができる」「通常の宅急便より安い」などがあり、メルカリに最適な配送方法となっています。
メルカリ便には、ヤマト運輸の「らくらくメルカリ便」、日本郵便の「ゆうゆうメルカリ便」があります。また、大型家具や家電を送る時に便利な「梱包・発送たのメル便」という配送方法もあります。

● らくらくメルカリ便

「ネコポス」「宅急便コンパクト」「宅急便」の3種類があり、商品のサイズによって選べます。発送する際は、ヤマト運輸の営業所だけでなく、セブン・イレブンやファミリーマート、宅急便ロッカー PUDOなどを使っても送れます。ネコポス以外は、プラス100円で家まで集荷に来てもらうことも可能です。

● ゆうゆうメルカリ便

「ゆうパケット」「ゆうパケットポスト」「ゆうパケットプラス」「ゆうパック」の4種類があり、商品のサイズによって選択します。発送する際は、郵便局またはローソンから送れます。「ゆうパケットポスト」は郵便ポストに投函できます。
購入者は、自宅で受け取る以外にも、郵便局、コンビニ（ローソン、ミニストップ、ファミリーマート）、はこぽす（日本郵便の宅配ロッカー）で受け取ることも可能です。

● 梱包・発送たのメル便

大型家電や家具を梱包、搬出するのは大変なことですが、「梱包・発送たのメル便」を使えば、集荷、梱包、搬出、搬入、設置（一部有料）、資材回収まで一通り行ってくれるので楽に送れます。ただし、送料は高めなので計算して出品してください。

配送方法		サイズ	送料
らくらく メルカリ便	ネコポス	A4サイズ・厚さ3cm以内・ 1kg以内	全国一律210円
	宅急便コンパクト	専用箱（70円）	全国一律450円
	宅急便	60サイズ（～2kg） 80サイズ（～5kg） 100サイズ（～10kg） 120サイズ（～15kg） 140サイズ（～20kg） 160サイズ（～25kg）	750円 850円 1,050円 1,200円 1,450円 1,700円
ゆうゆう メルカリ便	ゆうパケット	A4サイズ・厚さ3cm以内・ 3辺合計60cm以内	全国一律230円
	ゆうパケットポスト	専用箱（65円） またはポストに入るサイズに 発送用シール（5円）を貼る	全国一律215円
	ゆうパケットプラス	専用箱（65円） 2kg以内	全国一律455円
	ゆうパック	60サイズ 80サイズ 100サイズ（～25kg）	770円 870円 1,070円

🎁 その他の配送方法

● クリックポスト

Yahoo！JAPANのID、またはAmazonアカウントが必要ですが、A4サイズ程度の物（厚さ3cm、重さ1kg以内）を全国一律185円で送れる配送方法です。送る時は、印刷した宛名を貼って郵便局の窓口または郵便ポストに投函します。損害補償はありませんが、発送した商品が今どこにあるかはわかります。

● 普通郵便（定形・定形外）

薄型の小物類を送るときに、普通郵便の定形サイズなら84円で送れます。ただし、補償や追跡はできません。定形外もありますが、1kgを超える場合はメルカリ便を使った方がお得です。

● その他

その他、「ゆうメール」「レターパック」「ゆうパケット」「クロネコヤマト」「ゆうパック」も選択できます。

Section 05 メルカリのアプリを インストールしよう

メルカリを利用するには、アプリをインストールするところから始めます。
iPhoneではApp Storeから、AndroidではPlayストアからインストールできます。無料アプリなので、お金はかかりません。

🎁 iPhoneにアプリをインストールする

(1) ホーム画面で＜App Store＞アプリをタップします。

(2) 下部の＜検索＞をタップします。

(3) 検索ボックスに「メルカリ」と入力して、キーボードの＜検索＞をタップします。

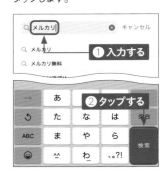

(4) 検索結果に「メルカリ」のアプリが表示されたら、＜入手＞をタップしてインストールします。

🎁 Androidにアプリをインストールする

1 ホーム画面で＜Playストア＞アプリをタップします。

2 下部の＜アプリ＞をタップします。

3 「メルカリ」と入力し、🔍 をタップします。

4 「メルカリ」アプリの＜インストール＞をタップします。

Section 06 アカウントの登録をしよう

メルカリアプリをインストールしたら、アカウントを取得するために手続きをしましょう。メルカリでは、1人1アカウントという決まりがあり、他のスマホやパソコンで使う場合は、同じアカウントで使うことになります。

🎁 アカウントを作成する

(1) ホーム画面で＜メルカリ＞アプリをタップします。

(2) 説明画面が表示されたら＜次へ＞をタップし、最後の画面で＜メルカリをはじめる＞をタップします。

(3) ログイン画面が表示されたら、＜メールアドレスで新規登録＞をタップします。

(4) メールアドレス、パスワード（半角英数字か記号も入れる）、ニックネームを入力します。招待コードを受け取っている場合はここで入力します（Sec.07 Memo参照）。＜次へ＞をタップします。

(5) 氏名と生年月日を入力します。

(6) 携帯の電話番号を入力して<次へ>をタップします。 メッセージが表示されたら<認証番号を送る>をタップします。

(7) メッセージアプリに番号が送られてきます。

(8) メッセージアプリに送られて来た番号を入力し、<認証して完了する>をタップします。 通知の許可が表示されたら<許可>をタップします。

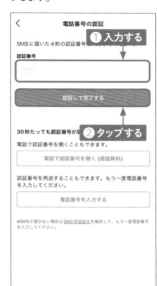

Memo アカウントの登録

メルカリのアカウントを登録する際には、SMS(携帯電話の番号を使ってやり取りするメッセージ)を使います。格安スマホを使っている場合は、SMS対応のSIMカードが必要です。なお、アカウント登録後、入力したメールアドレス宛にメールが届くので、リンクをクリックしてメールアドレス認証手続きを完了してください。

メルカリの
画面の見方を知ろう

メルカリを起動した直後にホーム画面が表示されますが、頻繁に使うことになるので、まずはホーム画面の構成を覚えましょう。他の画面は少しずつ覚えていけばよいので、ここでは確認するだけで大丈夫です。

🎁 ホーム画面

①検索ボックス	商品を探すときに使います。
②やること リスト	購入または商品が売れたときに、次にやるべきことをここから表示します。
③バー	「おすすめ」「マイリスト」「ピックアップ」「ショップ」がタブで並んでいて、スワイプまたはタップするとそれぞれの画面に切り替えられます。
④商品一覧	商品の一覧が表示されます。
⑤ホーム	メルカリのトップ画面（この画面）が表示されます。
⑥お知らせ	お知らせやニュースを見るときにタップします。
⑦出品	出品するときにタップします。
⑧支払い	メルカリの決済サービス「メルペイ」の使用または管理ができます。
⑨マイページ	商品管理やガイド、お問い合わせ、設定はここをタップします。

●お知らせ

「お知らせ」タブと「ニュース」タブが
あり、「お知らせ」タブにはいいね！や
コメントされたときや、商品が売れた
ときの通知が表示されます。「ニュー
ス」タブは注意喚起や障害情報など、
皆に告知するニュースが表示されます。

●支払い

メルペイに関する設定や確認はここで
おこないます。お店で買い物をすると
きやクーポンを使うときにもこの画面
を使います。

●出品

出品するときにはこの画面で始めま
す。

●マイページ

閲覧履歴や出品・購入一覧を見たい
ときはここから表示します。またメル
カリの設定や問い合わせ、わからない
ことを調べられるガイドもあります。

Memo 友達をメルカリに招待するには

友達をメルカリに招待し、登録画面で招待コードを入力してもらうとポイントをもら
うことができます。招待するには、＜マイページ＞→＜招待して500ポイントGET＞
をタップします。

Section 08 プロフィールを設定しよう

プロフィールは、自己紹介のページです。買う人は、売り手がどんな人かをチェックするので、丁寧に入力した方が売れやすくなります。また、プロフィール画像はメッセージのやり取り時に表示されるので、感じのよい画像にしましょう。

🎁 プロフィール画像を設定する

1 画面下部の<マイページ>をタップして、アイコンまたはニックネームをタップします。

2 <プロフィールを編集する>をタップします。

3 ニックネームを変更する場合は入力します。<画像を変更する>をタップします。カメラへのアクセスのメッセージが表示された場合は許可してください。

4 <カメラ>ボタンをタップして写真を撮影します。撮影済みの写真を使用する場合は左下の画像をタップして選択します。

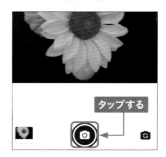

5 ＜完了＞をタップします。

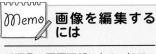

タップする

プレビュー　完了

加工　撮り直し

Memo **画像を編集する には**

手順⑤の画面下部にある＜加工＞をタップすると、切り抜きや明るさなどの調整ができます。フィルタを使って色味を付けることも可能なので、納得のいく写真にしましょう。

自己紹介文を入力する

1 自己紹介文を入力し、＜更新する＞をタップします。

プロフィール設定

プロフィール画像

📷 画像を変更する

②タップする　①入力する

Hanako

6 / 20

自己紹介文

メルカリ初心者です
スムーズなお取引を心掛けますので
よろしくお願いします

37 / 1000

更新する

2 左上の＜＜＞（Androidでは＜←＞）をタップして前の画面に戻ります。

Hanako

タップする

Hanako

★ ★ ★ ★ ★ 0　◎ 本人確認する

プロフィールを編集する

0　　　　0　　　　0
出品　　　フォロワー　　フォロー中

メルカリ初心者です
スムーズなお取引を心掛けますので
よろしくお願いします

出品した商品

出品している商品はありません

23

Section 09 住所や支払い方法を設定しよう

購入した商品を送ってもらうには、送り先となる住所が必要です。ここで入力しておけば、買う時に入力する手間を省けます。また、いつも使用する支払い方法も設定しておけば、購入時の手続きがスムーズに進みます。

住所と生年月日を入力する

1 画面下部の<マイページ>をタップします。スクロールして<個人情報設定>をタップします。

2 <住所一覧>をタップします。

3 <新しい住所を登録する>をタップします。

4 氏名や住所を入力し、下部の<登録する>をタップします。

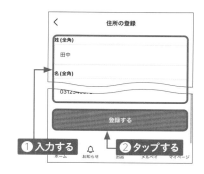

5 SMSで届いた番号を入力し、
＜認証して完了する＞をタップし
ます。登録したら左上の＜＜＞
（Androidでは＜←＞）をタップ
します。

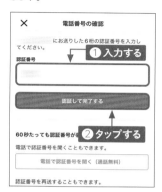

| × | 電話番号の確認 |

にお送りした6桁の認証番号を入力し
てください。　　　　　　　①入力する
認証番号

認証して完了する

60秒たっても認証番号が届く　②タップする

電話で認証番号を聞くこともできます。

電話で認証番号を聞く（通話無料）

認証番号を再送することもできます。

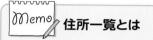

Memo 住所一覧とは

ここでは送り先の住所を設定しま
す。＜新しい住所を登録する＞を
タップして、実家や会社の住所を
入力することも可能です。なお、
Sec.10では本人情報としての現
住所を設定します。

支払方法を設定する

1 「個人情報設定」画面で＜支払
い方法＞をタップします。

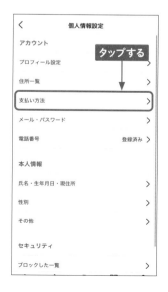

| ＜ | 個人情報設定 |

アカウント

プロフィール設定　タップする

住所一覧　　　　　　　　　　　＞

支払い方法　　　　　　　　　　＞

メール・パスワード　　　　　　＞

電話番号　　　　　　登録済み ＞

本人情報

氏名・生年月日・現住所　　　　＞

性別　　　　　　　　　　　　　＞

その他　　　　　　　　　　　　＞

セキュリティ

ブロックした一覧　　　　　　　＞

2 いつも使う支払い方法をタップし
ます。＜＜＞（Androidは＜←＞）
をタップして前の画面に戻りま
す。

| ＜ | 支払い方法 |

メルペイスマート払い
手数料 ¥0 残高、自動引落しで清算
手数料 ¥220 - ¥880 コンビニ/ATMで清算

出品して得たメルペイ残高（売上金）でも支払えます ＞

お支払いは翌月、メルペイスマート払いとは？ ＞

⊕ 新しいクレジットカードを登録する

d払い（ドコモ）
手数料: ¥100

auかんたん決済
手数料: ¥100

ソフトバンクまとめて支払い
手数料: ¥100

FamiPay
手数料: ¥0

⦿ コンビニ / ATM払い
手数料: ¥100

②タップする　①タップする

Section 10

本人確認をしよう

メルカリでは、利用者に安心・安全に使ってもらうために「本人確認」を推奨しています。本人確認をしなくても使うことはできますが、売上金の振込申請期限を気にしなくて済むので、便利に使うためにも手続きしておきましょう。

運転免許証を使って手続きする

(1) <マイページ>をタップし、<本人確認する>をタップします。

(2) <同意して撮影を開始する>をタップします。

(3) 本人確認の書類を選択します。ここでは「他書類で本人確認」の<運転免許証/運転経歴証明書>を選択します。次の画面で<同意して次へ>をタップします。

(4) 運転免許証の表面を「撮影」ボタンで撮影します。同様に裏面も撮影します。

⑤ 鮮明に写っているか確認して
チェックを付けて、＜確認して次
へ＞をタップします。

②タップする **①チェックを付ける**

以下の項目を確認してチェックを入れてください
※住所変更の記載がある場合は特に注意して確認してください

☑ すべての項目が隠れずに鮮明に写っている

再撮影 → 確認して次へ

⑥ ＜カードの厚みを撮影する＞をタッ
プし、画面の指示に従って撮影
します。

撮影しましょう

タップする

指示に合わせてカードの厚みが見えるよ
うに動かしてください

カードの厚みを撮影する

⑦ ＜インカメラでの撮影をはじめる＞
をタップして自分の顔を撮影しま
す。

※ご本人が撮影していることを確認するための撮影です
※動画は撮影していません

タップする

インカメラでの撮影をはじめる

⑧ 運転免許証と同じ名前と生年月
日を入力します。＜一致している＞
をタップし、＜上記利用目的で提
出する＞をタップします。審査を
通過すると通知が届きます。

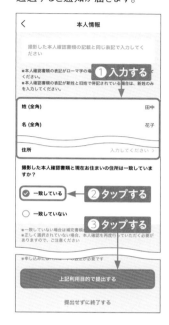

‹ 本人情報

撮影した本人確認書類の記載と同じ表記で入力してく
ださい

①入力する
※本人確認書類の表記がローマ字の場合
ください。
※本人確認書類の表記が新姓と旧姓で併記されている場合は、新姓のみ
を入力してください。

姓 (全角) 田中

名 (全角) 花子

住所 入力してください ›

撮影した本人確認書類と現在お住まいの住所は一致していま
すか？

☑ 一致している **②タップする**

○ 一致していない **③タップする**

※一致していない場合は補完書類
※正しく選択されていない場合、本人確認を再度行っていただく必要が
ありますので、ご注意ください

※申し込みには○○○○○○の変更が必要です

上記利用目的で提出する

提出せずに終了する

Memo 📝 **本人確認書類に
ついて**

運転免許証または運転経歴証明
書、マイナンバーカード、在留カー
ド、パスポートのいずれか1つが
必要です。急ぎの場合は、スピー
ド本人確認の＜マイナンバーカー
ド＞を選択すると審査時間を必要
とせずに手続きが完了します。な
お、2020年2月以降に発行され
た新パスポートは対応していませ
ん。

第1章 メルカリを始めよう

27

Section 11 メルカリで 禁止されていること

メルカリが禁止している行為の中には、メルカリ特有のものがあります。また、禁止している出品物もあります。違反した場合、利用制限や強制退会になることもあるので、知らないうちに違反しないように気を付けてください。

🎁 禁止されている行為

メルカリは、「安心・安全」のサービスを提供するために、<マイページ>→<ガイド>→<ルールとマナー>→<禁止されている行為>に、禁止事項を明記しています。

- メルカリで指定している決済方法以外を使うこと(銀行振り込みや現金手渡しは禁止)
- お互いの商品を交換または値下げして購入し合うこと
- 受取先を郵便局留めにすること(ゆうゆうメルカリ便は除く)
- 商品の手渡しを強要すること
- 支払いを行う前に発送や受け取り評価を促すこと
- 海外から商品を発送すること(海外への発送も禁止)
- 商品の状態がわかる画像を掲載しないこと(実物の画像がない、画像が粗くて把握できないなど)
- 販売を目的としない出品行為(「全品値下げ中」などの宣伝のみの出品、「〇〇

探しています」「〇〇譲ってください」なども禁止)
- 第三者の商品を代理で出品すること
- オークション形式の出品(一番高い値段を提示した人に売るというのは禁止)
- 商品に問題があったときに返品に応じないことを記載すること(返品不可、ノークレーム(NC)、ノーリターン(NR)、ノーキャンセル(NC)、3Nなど)
- 他ユーザーが撮影した画像や文章を無断で使うこと
- メルカリアカウントの不正利用(複数のアカウントを作成して使用したり、他人のアカウントを利用することは不可)
- 外部サイトへ誘導する行為や外部サイトURLの記載(ホームページやSNSのURLは記載できない)

主な禁止行為。

🎁 禁止されている出品物

どんな物でも売り買いできるメルカリですが、法律に反するものや安全でない物の出品は禁止されています。また、1000万円以上の価格は出品できません。詳しくは、<マイページ>→<ガイド>→<ルールとマナー>→<禁止されている出品物>を参照してください。

電子チケットやQRコード	電子チケットなどの電子データはトラブルの元なので禁止です。カフェのギフトコードやアプリのダウンロードコードなどもNGです。
偽ブランドや正規品の確証がない物	偽物を販売・譲渡することは法律で禁止されているので出品不可です。ブランドやキャラクターに似たものを「〇〇風」で出すのもNG。
知的財産権を侵害する物	商標権や著作権を侵害するものは禁止です。特に、ハンドメイド商品の場合、企業のキャラクターやブランドのロゴの使用は法律違反なので気を付けてください。
盗難品や不正な経路で入手した物	お店にある化粧品のテスターや落とし物の出品はできません。私有地・公有地の山菜やきのこ類を無許可で採ることは森林窃盗罪にあたるのでもちろん出品できません。
18禁・アダルト関連	成人向けのDVDや雑誌、アダルト商品は禁止です。また、児童ポルノは法律違反にもなります。
使用済みの下着、スクール水着、体操着、学生服類	青少年保護・育成および衛生上の観点から禁止です。ブライダルインナーと補正下着以外はクリーニング済みでも出品不可です。競技用水着やコスプレ品は出品できます。
安全面、衛生面に問題のある食品類	生の食肉、生の魚介類、開封済みの食品、消費（賞味）期限の表示記載がない食品、保健所などの許可がない加工食品は出品できません。
医薬品、医療機器	薬機法により許可なしで医薬品を販売できません。薬の空ボトル、コンタクトレンズ、マッサージ器、動物用医薬品、法令に抵触するサプリメントも出品不可です。
無許可または小分けの化粧品類	手作り化粧品類や個人輸入の化粧品は薬機法違反なので販売禁止です。また、小分けや詰め替えした化粧品類（香水を含む）も不可です。
危険物や安全性に問題があるもの	花火、火薬、灯油、ガソリン、スタンガン、催眠スプレーなどは禁止です。
現金・金券類・カード類	チャージ済みプリペイドカード（SuicaやWAONなど）、オンラインギフト券（iTunesカード、Amazonギフト券など）や商品券、航空券、宝くじ、勝馬投・票券など金銭と同等の物は禁止です。
サービス・権利などの実体のないもの	情報教材、本人が行うべき行為の代筆、宿題、別荘の貸し出しは禁止です。
たばこ	ニコチンが含まれる電子たばこも禁止です。
農薬・肥料	都道府県知事への届出をしていない者は農薬・肥料の販売はできません。
中身がわからない福袋	内包される商品の名称や写真がない場合は禁止です。
生き物	犬や猫などの動物の出品は禁止です。飼えなくなったから出品はできません。
手元にない物	これから取り寄せる物や発売前のチケットなどは禁止です。Amazonや楽天市場から直接発送もできません。

column

「メルカリの独自ルール」ってなに?

2013年にサービスを開始したメルカリですが、当初はメルカリの公式ルールがゆるく、利用者が独自で作ったルールが頻繁に見られました。最近ではだいぶ減りましたが、今でも出品者によっては独自ルールを使っているケースがあるので、だいたいの意味を知っておきましょう。

● ○○様専用

特定のユーザーと値下げやまとめ買いの交渉をしているときに、商品名に「○○様専用」と記載します。本来は先に購入手続きをした人が買うことになっているので、専用商品を他の人が買っても規約違反にはなりません。ですが、ユーザー同士のトラブルを避けるためにも専用商品は購入しないようにしましょう。

● 即購入禁止／コメなし購入禁止

「購入するときはコメント欄に購入しますと書いてください」という意味です。コメントせずに買っても規約違反ではないのですが、数が限られていたり、他のフリマアプリに出品していたりなどの事情があるのかもしれません。コメントしてから購入するか、別の人の商品を探した方がよいでしょう。

● プロフ必読

メルカリには、プロフィールを必ず読まなければいけないという規約はありませんが、「発送は水曜と金曜のみです」「値下げはしません」など大事なことが書かれていることがあるので読んでおきましょう。

● コメ逃げ禁止／質問逃げ禁止

「メッセージの質問に対して回答したのに、返信がないのは困る」という意味です。特に値下げやまとめ買いについては、返信がないと他の人に売ることができないので困ります。質問したら返信するという習慣をつけましょう。

🎁 ブランド名で検索する

(1) ホーム画面で「検索」ボックスを
タップし、＜ブランドからさがす＞
をタップします。

(2) 一覧に目的のブランドがある場
合はチェックを付けます。ここでは
「検索」ボックスにブランド名を
入力します。

(3) チェックを付けて＜検索する＞を
タップします。

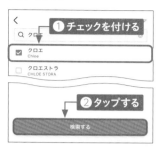

(4) そのブランドの商品が表示されま
す。＜絞り込み＞をタップします。

(5) カテゴリーをタップして絞り込むこ
とができます。

16

サイズや色で検索結果を絞り込もう

「Mサイズのジャケット」「24cmのスニーカー」のように、自分のサイズに合うものが欲しい場合はサイズを絞り込んで検索します。また、欲しい色が決まっているのなら、色を指定して検索できます。

サイズで検索する

1 Sec.15の方法で、「レディース」の「ジャケット/アウター」で検索した後、<絞り込み>をタップします。

2 <サイズ>をタップします。

3 <洋服のサイズ>をタップします。

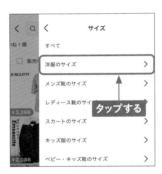

4 欲しいサイズをタップしてチェックを付け、<決定する>をタップします。

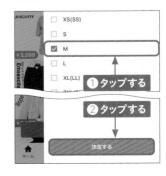

5 サイズが設定されたことを確認して<検索する>をタップします。

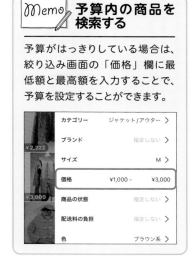

Memo 予算内の商品を検索する

予算がはっきりしている場合は、絞り込み画面の「価格」欄に最低額と最高額を入力することで、予算を設定することができます。

色で検索する

1 前ページの手順②の画面で、<色>をタップします。

2 欲しい色をタップしてチェックを付けます。複数選択することも可能です。<決定する>をタップして検索します。

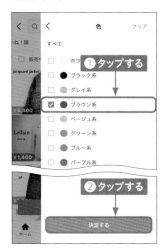

Section 17 未使用の商品を検索しよう

サイズを間違えて買った服や使わない引き出物などが新品として出品されています。中古品と違って使用感がありませんし、お店で買うよりずっと安いので狙い目です。新品・未使用品で絞り込んで探してみましょう。

🎁 新品、未使用品を検索する

1 Sec.12のように検索した後、<絞り込み>をタップします。

2 <商品の状態>をタップします。

3 <新品、未使用>をタップしてチェックを付け、<決定する>をタップします。

4 <新品、未使用>が設定されたら、<検索する>をタップすると未使用品の商品一覧が表示されます。

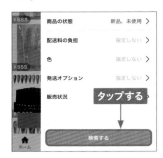

Section 18

送料込みの商品かどうか
チェックしよう

メルカリで売られている商品は、送料無料の商品と、購入者が送料を支払う着払いの商品があり、商品一覧に一緒に並んでいます。送料込みで絞り込めば、間違えて着払いの商品を買ってしまうことがなくなります。

送料込み（出品者負担）を検索する

1 Sec.12のように検索した後、＜絞り込み＞をタップします。

2 ＜配送料の負担＞をタップします。

3 ＜送料込み（出品者負担）＞をタップしてチェックを付け、＜決定する＞をタップします。

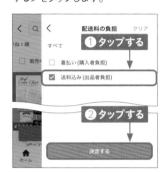

4 ＜送料込み（出品者負担）＞になっていることを確認し、＜検索する＞をタップすると送料無料の商品だけが表示されます。

Section 19 検索履歴や保存した条件から検索しよう

欲しい物を探している時、毎回同じ条件を設定して検索するのは面倒です。そのような時は過去に検索した条件を使いましょう。また、検索条件を保存して再利用することで、手間を省くことができます。

🎁 検索履歴から検索する

(1) ホーム画面で、「検索」ボックスをタップします。

(2) 「検索履歴」から表示したい項目をタップします。

(3) 検索結果が表示されます。

Memo 検索履歴や保存した検索条件を削除する

手順②の画面で、「検索履歴」または「保存した検索条件」の項目の右にある⋮をタップして「削除する」をタップします。

🎁 保存した条件で検索する

① 1　検索結果を表示したら、下部に
ある<この検索条件を保存する>
をタップします。

② 2　出品があったときに通知する場
合は<新着商品の通知を受け取
る>をオン（青色）にします。ま
た、メール通知の頻度も設定でき
ます。

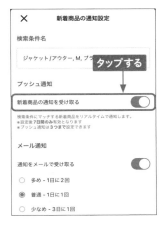

③ 3　<ホーム>をタップし、「検索」ボッ
クスをタップします。

④ 4　「保存した検索条件」に先ほど
保存した条件があるので、タップ
すると検索結果が表示されます。

> **Memo** **保存した検索条件を
> 素早く表示する方法**
>
> <ホーム>をタップし、上部のバー
> にある<マイリスト>の画面からも
> 「保存した検索条件」を表示でき
> ます。

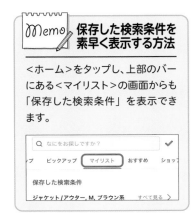

Section 20 商品の情報をチェックしよう

買った商品の傷がひどかったり、付属品が付いていなかったりなど、届いたときに後悔しないように商品情報をよく見てから買うことが大事です。タイトルや1枚の写真だけで判断するのではなく、説明文を必ず読みましょう。

商品情報を表示する

(1) 欲しいと思う商品をタップします。

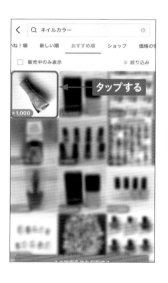

(2) 写真をタップします。

Memo 送料込みか否かを確認する

手順②の画面で、金額の右に「送料込み」または「着払い」と表示されるので、必ず確認してください。慣れていてもうっかり着払いを購入してしまうこともあります。着払いの宅急便で受け取ると、予想外の送料がかかってしまう場合があるので注意が必要です。

(3) ピンチアウトします。

(4) 拡大されます。確認したら左上の
<×>をタップします。

(5) 下から上へスワイプします。

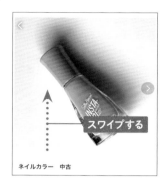

(6) 商品の説明を確認できます。「商
品の状態」や「配送の方法」
も確認してください。

📝 **Memo** 複数の写真が
ある場合

商品には10枚までの写真を載せ
ることができ、出品者が複数の写
真を載せている場合は、手順②の
画面で左方向にスワイプして他の
写真に切り替えることができま
す。

Section 21 出品者の情報をチェックしよう

商品を買う時には、出品者のプロフィール欄をチェックしましょう。発送日やセット割引など大事なことが書いてあるかもしれません。また、評価欄を見れば誠意ある対応をしてくれるかどうかがわかります。

🎁 出品者のプロフィールを見る

1 商品をタップして表示し、下から上へスワイプします。

2 出品者名をタップします。

3 出品者のプロフィール画面が表示され、その他の出品物を確認できます。<もっと見る>をタップします。

4 注意事項などの説明を読むことができます。

出品者の評価を見る

1 評価をタップします。

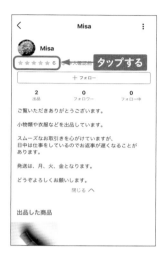

2 評価が表示されます。＜残念だった＞をタップします。

3 「残念だった」の評価が表示されます。

Memo 取引の評価

メルカリでは、売り買いの取引が終わったときに、お互いの評価を付けることになっています。良い評価の数と買った人達のコメントを見れば、誠意ある対応をしてくれるかどうかがわかります。なお、評価の付け方についてはSec.28で説明します。

Section 22 出品者をフォローしよう

再度同じ人から買いたいと思ったときには、出品者をフォローしておきましょう。
そうすれば、新たな出品があったときに通知がきます。取り引きしたことがない
出品者もフォローできるので、商品一覧を見て登録しておきましょう。

🎁 出品者をフォローする

① 商品を表示し、出品者をタップします。

② プロフィール画面が表示されたら、<フォロー>をタップします。

③ フォローすると、「フォロー中」と表示されます。<フォロー中>をタップすると解除できます。<<>（Androidは<←>）をタップすると前の画面に戻ります。

🎁 フォローしている人を確認する

(1) ＜マイページ＞をタップします。

(2) 自分のプロフィール画像をタップします。

(3) ＜フォロー中＞をタップします。

(4) フォローしている人が表示されます。タップするとその人のプロフィール画面が表示されます。

Memo **フォロワーを確認する**

反対に、自分が誰にフォローされているかを確認するには、手順③で＜フォロワー＞をタップします。

49

Section

23 商品に「いいね!」しよう

買いたい商品があったら、取りあえず「いいね!」を押して登録しておきましょう。
一度登録しておけば、「いいね!一覧」から開くことができ、値段が下がると通
知が来るのでわざわざ見に行かなくてすみます。

🎁「いいね!」を付ける

(1) 気になった商品をタップします。

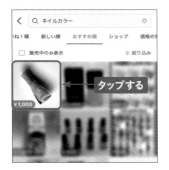

(2) 商品名の下にある<いいね!>を
タップします。

(3) 「いいね!」が赤いハートになりま
す。再度<いいね!>ボタンをタッ
プすると解除できます。

🎁「いいね!」一覧から「いいね!」を解除する

(1) <マイページ>をタップし、<いいね!・閲覧履歴>をタップします。

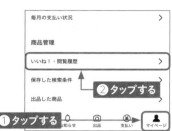

(2) 「いいね!一覧」タブにいいね!を付けた商品が表示されます。

(3) 解除したい商品を左端まで一気にスワイプします(Androidでは長押しして<削除する>をタップします)。

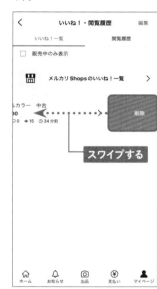

Memo 自動的に「いいね!」が付いた

初期の状態では、商品の<購入手続きへ>ボタンをタップして前の画面に戻ると、自動的にいいね!が付きます。この機能を使いたくない場合は、<マイページ>画面で<お知らせ・機能設定>をタップして、画面下部にある<自動いいね!>をオフにしてください。

Section 24

気になることを出品者に質問しよう

売っている商品に気になることがあったら、遠慮せずにコメント欄から質問してみましょう。ほとんどの出品者が答えてくれます。値下げのお願いも禁止されていないので、聞いてみるとよいでしょう。

出品者にコメントする

1 気になった商品をタップし、＜コメント＞をタップします。

ネイルカラー　中古
¥1,000　送料込み

♡ いいね！　口 コメント　←　**タップする**

2 下部にある「コメント」ボックスをタップします。

タップする

お値下げをお願いする　商品状態を確認したい　写真の

コメントする　　　　　送信

3 コメントを入力し、＜送信＞をタップします。

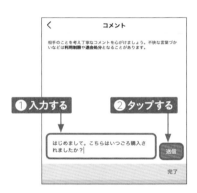

＜　　　　コメント

相手のことを考え丁寧なコメントを心がけましょう。不快な言葉づかいなどは利用制限や退会処分となることがあります。

①入力する　　　　　**②タップする**

はじめまして。こちらはいつごろ購入されましたか？|　　　　送信

完了

Memo コメントのテンプレート

どのようにコメントしたらよいかわからない場合は、手順②の「コメント」ボックスの上にある＜お値下げをお願いする＞や＜商品状態を確認したい＞などをタップすると、サンプルが入力されます。ただし、執筆時点ではiPhoneのみとなっています。

第3章

身近なものを
出品してみよう

Section
29

メルカリでよく売れるものを確認しよう

メルカリでは、衣類やバッグ、靴などの日常的に身に付けるものが売れやすい傾向にあります。また、本やゲームも売れやすいです。コロナ禍以降は、家で楽しめるインドア系趣味に関する商品の人気が高くなっています。

🎁 メルカリでよく売れるもの

●レディース服・子供服

高級ブランドの服だけでなく、ユニクロやGUなどの服も売れます。季節はずれの衣類を出品しても売れないので、売れる時期を見計らって出品されています。

●バッグ

メルカリでの売上額が多いのが女性用のバッグです。高級ブランドのバッグを中心に、冠婚葬祭用、リクルート用などさまざまなバッグが売れています。

●スマホ・スマホ関連商品

メルカリはスマホアプリなので、スマホケースやスマホリングなどのグッズもよく売れます。なお、スマホ本体を売る場合は、SIMカードは取り出し、端末を初期化します。また、ネットワーク利用制限の確認を行い、「○」（残債無し）であることを確認してから出品します。

●書籍・雑誌

ジャンル問わず、古本屋よりも高く売れます。新刊本は、発売後すぐに売れば実質送料程度で読めることになります。漫画本はセットで出品するのがおすすめです。

●ゲーム機・ゲームソフト

人気のゲーム機は本体もソフトもリサイクルショップに売るより高値で売れます。コントローラーのみでも売れます。

●コスメ

若い女性からのニーズが多く、「使いかけでもよいから欲しい」「試したい」という人が買っています。サンプルも出品すれば売れます。

🎁 世代別 購入カテゴリー TOP3

最近では、好きなアイドルやキャラクターを応援する「推し活グッズ」が人気です。中高年の利用者も増え、ハンドメイドや植物などを購入しています。

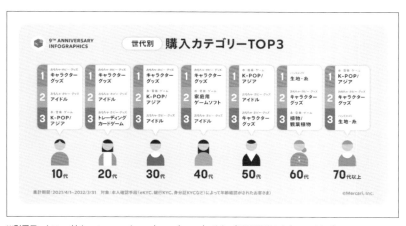

※引用元　https://about.mercari.com/press/news/articles/20220704_infographics/
フリマアプリ「メルカリ」、サービス開始9周年記念インフォグラフィックス公開

Section 30

出品価格の相場を調べよう

出品したのに売れないときには、商品価格が妥当でないのかもしれません。かといって安く売って損をしたらもったいないので、相場を調べてから価格を設定することをおすすめします。ここでは相場の調べ方を紹介しましょう。

メルカリ内で値段を調べる

メルカリユーザーは、同じ商品があれば安い方を買うので、儲けたいと思って高い金額を設定しても、結局売れなくて値下げすることになります。出品するときには、同じ商品がいくらで売れるのかを調べて価格を設定しましょう。その際、現在出品されている商品よりも、過去に売れた商品を参考にした方が正確です。ホーム画面で「検索」ボックスに商品名を入力して検索し、<絞り込み>をタップして「販売状況」を<売り切れ>にします。未使用品の場合は「商品の状態」を「新品・未使用」にしてください。続いて上部のバーで<価格の高い順>にすると、過去に売れた商品が高い順で表示されます。

「販売状況」を<売り切れ>にして検索します。

上部のバーをスワイプして<価格の高い順>にします。

3 商品を梱包します。梱包方法については Section64 で説明します。

4 指定した配送方法で発送します（Section41）。らくらくメルカリ便はセブンイレブン、ゆうゆうメルカリ便はローソンなど、持ち込み場所を間違えないようにしましょう。

5 商品が購入者の元へ届くと、メルカリからメールとやることリストに表示されるので評価を付けます（Sec.43参照）。この時点では相手がどちらの評価を付けたかはわからないようになっています。

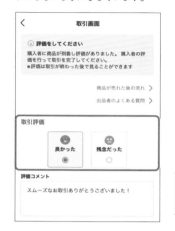

6 取引が完了すると、取引画面に「取引が完了しました」と表示され、メールも届きます。ここでようやく売上金が入ります。売上金の確認方法は Section45、売上金を現金化する方法はSection75で説明します。

Section 40 発送の準備をしよう

商品が売れたら、買ってくれた御礼を購入者に送ってから、発送の準備に取り掛かります。梱包についてはSec.65で説明するので、ここでは手順を説明します。慣れないうちは大変かもしれませんが、徐々に手際よくできるようになります。

購入者と連絡を取る

1 商品が売れたら、右上の「やることリスト」アイコンに数字が付くのでタップします。

2 売れた商品をタップします。または<マイページ>→<出品した商品>→<取引中>タブの一覧から開きます。

3 メッセージボックスをタップし、買ってもらったお礼と発送についてのメッセージを入力し、<取引メッセージを送る>をタップします。

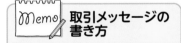

Memo 取引メッセージの書き方

「ご購入ありがとうございます」と、買ってくれたお礼を書きます。また、「明日の午前中に発送手続きをする予定です。」のように、発送手続きの予定日についても書いてあげると安心してもらえます。

商品を梱包する

埃やゴミなどが付いていないか再度チェックし、指紋は柔らかい布でふき取ります。

割れやすいものは緩衝材で包みます。

封筒やショップの袋などに入れて封をします。複数の商品が同時に売れた場合は、商品を間違えないように、袋または箱に目印をつけましょう。

メルカリ便の場合は住所氏名を書かずに出します。

Memo メルカリ便の場合は住所や氏名を書かない

メルカリ便を使う場合は、相手や自分の住所・氏名を書く必要はありません。取引画面にも相手の住所氏名が表示されません。配送方法をメルカリ便以外（普通郵便やレターパックなど）にした場合は、取引画面に表示されている相手の住所と氏名を書いてください。

Section 41 商品を発送しよう

ここではメルカリ便を中心に、よく利用される発送方法について説明します。発送方法によって商品の持ち込み場所が異なるので注意してください。発送したら、購入者にメッセージを送ると安心してもらえます。

🎁 らくらくメルカリ便で発送する場合

(1) 商品が売れて支払いが完了すると、右上の「やることリスト」アイコンに数字が付くのでタップし、購入された商品をタップします。

(2) 持ち込み場所を選択します。ここでは＜コンビニ・宅配便ロッカーから発送＞をタップします。

(3) コンビニまたは宅配便ロッカーを選択します。ここでは＜ファミリーマート＞を選択します。

Memo ゆうゆうメルカリ便への変更

購入された後にゆうゆうメルカリ便に変更することもできます。手順②の画面で＜らくらくメルカリ便を使わない＞をタップし、＜ゆうゆうメルカリ便で発送する＞を選択すると、匿名のまま変更できます。ゆうゆうメルカリ便かららくらくメルカリ便への変更も可能ですが、購入者が店舗受取を選択している場合は「お届け先」で住所を設定してもらう必要があります。なお、変更は20回までです。

🎁 削除した商品を見る

(1) <マイページ>をタップします。

(2) スワイプして<残高履歴>（本人確認していない場合は<売上履歴>）をタップします。

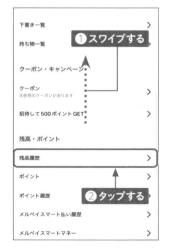

(3) 過去に売り上げた商品が表示されます。詳細を見たい商品をタップします。

(4) 取引画面が表示されます。

メルカリポストって何?

メルカリポストは、無人投函ボックスのことで、コンビニ、ドラッグストア、スーパーマーケットなどに設置され、「らくらくメルカリ便」を指定した場合に使うことができます。ポストなので、レジの列に並ぶ必要がないですし、後ろに並んでいる人が気になることもありません。特に複数の商品を一度に出すときは、焦らずゆっくり投函できるので便利です。

メルカリポストの設置場所は、取引画面の「近所のメルカリポストを探す」をタップした画面か、https://jp-news.mercari.com/more/mercaripost/ にアクセスして検索できます。

発送手続きはとても簡単です。取引画面にあるバーコードをメルカリポストの読み取り部分にかざすと扉が開いて紙の送り状が排出されます。その紙のシールをはがして荷物に貼り、ポストに入れて扉を閉めれば完了です。なお、扉を閉めてしまうと開けることができないので慎重に投函してください。

メルカリポスト

🎁 置き方を工夫する

立体感を出したいときには、商品を立てて撮影しましょう。バッグやぬいぐるみなど自立できないものは、後ろに支えとなる箱などを置くと立たせることができます。また、バッグやポーチ、リュックなどは、へこんでいると見た目が悪いです。そのようなときは、中に紙や緩衝材などを詰めると立体感が出て、自由な形で立たせることができます。

バッグの後ろに箱を置いて支えています。

バッグの中に紙を詰めると立体感を出せます。

🎁 複数個の場合は整列させる

10点セットなどまとめて出品するときには、複数あることがわかるように、1枚目にすべて写っている写真を入れ、「こんなにたくさんで〇円！」というイメージを与えるようにします。ただし、商品がバラバラに配置されていると、だらしない印象を与えるので、お店に並んでいる商品をイメージして、整列させましょう。なお食品は賞味期限と食品表示の写真も載せ、外箱に記載されている場合は、外箱の発送も必要です。

整列させた写真。

気になる点は写真に載せて
クレーム防止しよう

傷やシミなどを隠そうとして写真を載せないのは、メルカリでは逆効果です。商品を受けとったときに「商品説明に載っていなかった」と言われないように、傷の写真を載せておき、了承を得たうえで買ってもらいましょう。

🎁 あえて傷の写真を載せる

商品に傷がある場合、どのような傷なのかは文章では伝わりにくいものです。購入者に「思っていたよりも傷がひどかった」と悪い評価を付けられてしまうと、他の商品の売れ行きに影響します。そこで傷の写真を載せることで信頼できる出品者として見てもらうことができ、その後の取引もうまくいきます。家具は目立たない部分の傷なら気にせず買ってくれる人も多いですし、家電も多少の傷なら問題なく使えるので買ってもらえます。

傷の程度がわかる写真。

家具の目立たない部分にある傷の写真。

🎁 故障部分をアップで載せる

家電や電子機器が故障していても修理して使う人や部品として使う人もいるので、故障部分を記載すれば買ってもらえることもあります。商品説明欄に、「〇〇の部分が動きせん」を入れただけではわかりにくいので、写真を載せて「写真3枚目の〇〇の部分が動きません」などと記載しましょう。

故障している部分の写真。

🎁 シミや黄ばみも載せる

ベビー服や子供服は、シミが付きやすいものです。出品者がたいしたシミでないと思っていても、他の人には大きなシミに見えることもあります。シミの写真を見て納得したうえで買ってもらった方が、後でクレームが来ることがありません。

シミの写真。

また、本は経年による黄ばみや日焼けによる変色が生じます。気にせずに買ってくれる人もいますが、中には気にする人もいるので、変色していることがわかるようにブックスタンドに立て掛け、側面の写真を載せましょう。

本の日焼けの写真。

🎁 残量がわかる写真を載せる

使いかけのコスメや香水などは、残量がどのくらいあるのかがわかるように写真を載せましょう。

残量がわかる写真。

Section 50

メルカリアプリで写真を加工しよう

撮影した写真をもう少し明るくしたいときには、メルカリアプリ内で編集することができます。ただし、過度の加工は相手を期待させてしまい、実物を見てがっかりさせてしまうこともあるので気を付けてください。

📇 写真を切り抜く

(1) 「商品の情報を入力」画面で写真をタップします。

(2) 編集する写真をタップし、<加工>をタップします。

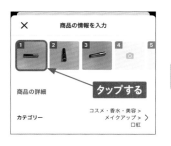

Memo 遠くから撮って切り抜く

メルカリアプリのカメラ機能で写真を撮影する場合、ズームができないため、周囲に余計なものが写ってしまうことがあります。そのような場合は、切り抜いて使いましょう。メルカリアプリだけでできます。また、スマホや自分の顔が写り込んでしまう場合も、遠くから撮って切り抜くと上手くいきます。

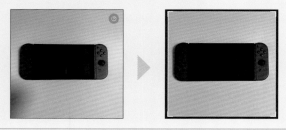

3 <変形>をタップします。

タップする

绝筆　変形　調整　フィルタ　テキスト

4 <正方形>をタップします。 四角をドラッグして、 必要な部分のみを囲みます。 傾いている場合はバーをドラッグします。

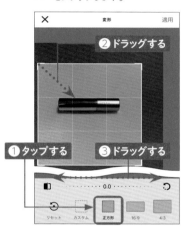

× 変形 適用

②ドラッグする

①タップする ③ドラッグする

0.0

リセット　カスタム　正方形　16:9　4:3

5 拡大するときはピンチアウトしてください。 できたら<適用>をタップします。

× 変形 適用

②タップする

①ピンチアウトする

0.0

リセット　カスタム　正方形　16:9　4:3

明るさとコントラストを調整する

1 <調整>をタップします。

タップする

绝筆　変形　調整　フィルタ　テキスト

Memo **フィルターは使わない**

色彩効果を付けるフィルター機能を使うとおしゃれな写真にはなりますが、実際の商品と色味が違ってしまうのでやめておいた方が無難です。 少し素人感が残っているくらいの方が売れるので、加工しすぎないようにしましょう。

② <明るさ>をタップし、スライダをドラッグして調整します。やり直す場合はスライダの右上にある<矢印>のアイコンをタップします。

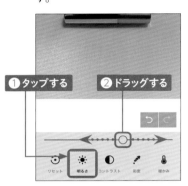

③ 同様に<コントラスト>や<彩度>なども調整し、見栄えが良くなったら<適用>をタップします。

🎁 文字を入れる

① <テキスト>をタップします。

② 「ブランド名」「商品名」「送料無料」「個数」などを自由に入力します。入力したら<適用>をタップします。

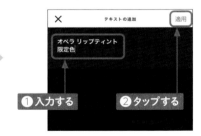

Memo 写真に文字を入れる理由

商品一覧には写真だけが表示されるので、ブランド名がひと目ではわからない場合があります。送料無料か否かもタップしないとわかりません。そこで、写真に文字を入れればすぐに見つけてもらえます。また、個数や容量を文字で入れて強調する人もいます。

3 <カラー>をタップします。

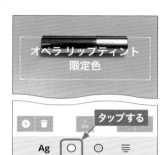

4 色をタップします。

5 ドラッグして移動します。 写真の左下には金額が入るので、左下は避けましょう。

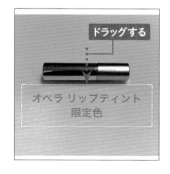

6 2本の指でピンチインまたはピンチアウトすると文字サイズを調整できます。 できたら<適用>をタップします。 次の画面も<適用>をタップします。

7 <完了>をタップして編集画面を閉じます。

51 写真の加工に便利なアプリ

メルカリアプリでも明るさの調整や文字入れができるのですが、商品を目立たせるために写真の周囲に色を付けたり、シミや汚れを除去したりはできません。ここでは別のアプリを使って写真を加工する方法を紹介します。

写真の余白に色を付ける

1 あらかじめ正方形の写真を用意しておきます。「SNOW」アプリを起動し、左下の<編集>をタップして写真を指定します。

2 下部を横方向へスワイプして<余白>をタップします。

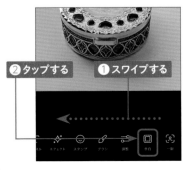

3 <色>をタップし、好きな色をタップします。スライダーで線の太さを調整します。

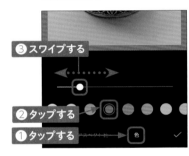

Memo SNOWアプリとは

「SNOW」アプリは、自撮り写真の撮影や顔補正に使うアプリなのですが、写真の周囲に色を付けたり、効果を付けたりなど、通常の写真編集に役立つ機能もあります。なお、はじめて使用するときには、手順①でカメラへのアクセスを許可してください。また、広告が表示された場合は「<」をタップします。

④ ＜チェック＞をタップし、次の画面
で＜保存＞をタップします。

① タップする

シミや汚れを消す

① 「Photoshop Express」 アプリ
を起動し、＜写真を編集＞をタッ
プして写真を選択します。

★ PS Express Premium
プレミアムアカウントで、限定機能とコンテンツ
を利用しましょう。

タップする 無料体験版を開始

写真を編集　顔のレタッチ　写真を組み　コラージュ　再撮
　　　　　　　　　　　合わせ

② ＜削除＞をタップし、シミや汚れ
の箇所をドラッグします。うまくい
かない場合はスライダをドラッグし
てブラシのサイズを調整してくださ
い。

② ドラッグする

基本　　詳細 ●

しみなどの気になる　① タップする
の領域をタップまた
シのサイズを調整するには、
スライダーを使用します。

効果　　調整　　削除　　切り抜き　レタッチ　テキ

③ できたら右上の ⬇ をタップします。

タップする

Memo Photoshop Express
アプリとは

アドビ社が提供している写真編集
モバイルアプリです。Photoshop
のような高度な編集はできません
が、「シミの除去」「ぼかし」「オー
バーレイ」などの編集が無料でで
きます。なお、ここではiPhoneの
画面で解説しています。Android
の場合は画面が少し異なります。

52 注目を集めるために タイトルに入れるべき言葉

商品名の欄には最大40文字まで入力できるので、商品説明を見なくてもすぐにわかるようにブランド名やサイズなどを入れておきましょう。ここでは、タイトルに入れると売れやすくなる言葉を紹介します。

🎁「新品」や「美品」を入れて強調する

間違えて買ってしまった物や買ったけれど使わないでしまっておいた物などは、「新品」または「美品」として出品可能です。商品情報の「商品の状態」欄を見ない人もいるので、タイトルに「新品」や「美品」と入れておくとすぐに買ってもらえます。商品名と区別しやすいように【】で囲むと目立ちます。

🎁 ブランド名は必ず入れる

ブランド物は売れやすいので、ブランド名を必ずタイトルに入れましょう。ブランド名で検索して来た人が買ってくれます。特に商品情報を設定する際、選択肢にブランド名がない場合は、タイトルに入力するようにしてください。英語でも日本語でもかまいませんが、タイトルに英語で入れた場合は、説明文には日本語で入れると両方の検索結果に表示されます。また、空白を入れるときは、文字がたくさん入るように半角スペースを使いましょう。

📬 購入時期と場所

メルカリには古い物も出品されているので、購入時期が気になる人は多いです。特に食品やコスメ、試験問題集、冠婚葬祭用品などには質問が来るので、聞かれる前に記載しておきましょう。月だけでは何年前に購入したのかわからないので、年まで書いてください。また、どこで購入したかも聞かれることがあるので、場所や店舗名を書くと確実です。

クリニークの新ファンデーション、イーブンベターブライトセラムです。

間違えて同じものを購入したため出品します。

お色は65ニュートラルです。

購入時期：2022年2月
購入場所：伊勢丹新宿店

定価：6,380円（税込）

ライトニング作用で明るさと透明感のある肌にしてくれます。

📬 定価

メルカリ利用者は、定価を超える物には手を出しません。商品説明欄に定価の記載があれば調べなくても済むので、そのまま購入してくれる可能性があります。

クリニークの新ファンデーション、イーブンベターブライトセラムです。

間違えて同じものを購入したため出品します。

お色は65ニュートラルです。

購入時期：2022年2月

購入場所：伊勢丹新宿店

定価：6,380円（税込）

ライトニング作用で明るさと透明感のある肌にしてくれます。

📬 商品の性質や特徴

写真を載せてもすべてが伝わるわけではないので、商品の素材、色、模様、サイズを詳しく記載しておきましょう。使い心地を一言入れておくのもおすすめです。また、付属品がある商品は有無を記載します。

南松屋で購入したコンビ肌着です。子供が成長して着られなくなったので出品します。

【購入場所】南松屋 八王子店
【購入時期】2019年3月頃
【定価】3,900円
【サイズ】80cm（身丈43cm袖丈13cm素人採寸のため若干の誤差はご承願います）
【素材】綿100％
【商品の特徴】かわいいカニの絵柄です。涼しげで夏にぴったりです♪ 手触りもさらっとしていて、汗を吸収しそうです。

✍ Memo コスメ・香水の商品説明

メルカリでは、化粧品や香水の場合、タイトルに「メーカー名」「ブランド名」「商品名」の記載、商品説明欄に「購入時期・開封時期」「使用期限・消費期限」「容量（残量）」「使用方法・使用用途」「その他特筆すべき事項」の記載を推奨しています。使用期限がわからない場合は省略してもよいでしょう。

Section 55 サイズや素材の表記のポイント

サイズや素材を記載しておけば、見た人は質問をしなくても自分に合うかどうかがわかります。商品を紹介するつもりで記載しましょう。特にハンドメイドの商品は、既製品のようにネットで調べられないので詳しく入力してください。

靴

お店の靴もそうですが、実際に履いてみないと履き心地がわかりません。表記サイズより大きめまたは小さめの場合は、その旨を記載します。また、「EE」や「EEE」などの足囲の記載もあれば、足の横幅に特徴がある人が買いやすくなります。見た目が本革に見えても合成皮革の場合があるので素材も記載しておきましょう。防水加工が施されている靴は、その旨を記載すると売れやすくなります。

防水加工

EE

本革

衣類

表記サイズよりも大きいまたは小さい場合は、表記サイズと実寸サイズを記載し、「Lサイズですが、小さめなのでMサイズの人にちょうどよいです」「アメリカンサイズなので大きめです」などを補足します。また、ベビー服は、赤ちゃんの肌に優しい素材が好まれるので、「綿100%」「オーガニックコットン」であれば忘れずに記載しましょう。

着丈○○cm

綿100%

🎁 アクセサリー

イヤリングやピアス、指輪などは、面倒でもサイズを測って記載しましょう。また、天然石か否かを記載します。不明の場合は「不明です」と正直に書いてください。ピアスは、金属アレルギーの人のためにポスト部分の素材も入力しましょう。

🎁 財布やバッグ

財布やバッグは、サイズがまちまちです。大きいバッグが欲しいのに、届いたら小さかったというのでは購入者はがっかりします。また本革のハンドバッグだと思っていたら、合成皮革だったということもあります。サイズと素材は忘れずに記載しましょう。

🎁 食器類

お皿やグラスなども物によってサイズが異なるので、大きさを測って記載しておきます。陶磁器は、作者がわかるものは忘れずに記載しましょう。「美濃焼」「有田焼」などの産地も記載しておくと売れやすいです。

🎁 その他

ダイニングテーブルやベッドなどの大型家具は、サイズがわからないと部屋のスペースを確保できません。「せっかく届いたのに部屋に置けなかった」ということがないように、サイズを記載しましょう。冷蔵庫や洗濯機などの大型家電も同様です。テーブルは天然木か否かを記載します。

出品するときは
カテゴリーに気を付けよう

Section15で説明したように、買う人はカテゴリーで検索して探すことが多いです。必要としている人の目にとまりやすいように正確に、そして売れやすいようにカテゴリーを選択するようにしましょう。

カテゴリーを正しく設定する

カテゴリーは階層化されていて、たとえばレディースの「ジャケット/アウター」のカテゴリーの中にも「テーラードジャケット」や「ノーカラージャケット」などがあり、細かく分類されています。買う人は、どんなジャケットが欲しいのかが決まっているので正確に設定しておいた方が売れやすくなります。
また、ブランド品の場合はブランド名があるだけで売れやすいので設定するようにしましょう。

商品のカテゴリーを正確に設定します。

「ブランド」も設定します。

どのカテゴリーにすればよいかわからない場合

出品物によっては、どのカテゴリーにすればよいか迷うときもあります。たとえば、猫のキャラクターのバッジを出品しようとしたとき、「キャラクターグッズ」のカテゴリーにするか「バッジ」のカテゴリーにするか迷うかもしれません。そのような場合は、過去に売れたものを参考にしましょう。キーワードで検索した後、「絞り込み」をタップし、「販売状況」を「売り切れ」にして「完了」をタップします。売れた商品だけが表示されますが、ここから探すのは時間がかかるので、続けて上部のバーを「いいね！順」にします。そうすることで、「欲しい！」と思っている人の多い順に並べ替えられます。上位3つくらいの商品を見て同じカテゴリーで出品してください。

(1) キーワードを入力して検索し、「絞り込み」をタップします。

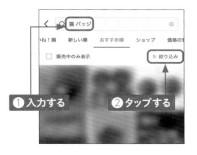

(2) 「販売状況」を「売り切れ」にして「検索する」をタップします。

(3) 上部のバーを「いいね！順」にし、上位3つくらいの商品のカテゴリーを見て決めます。

トラブルを避けるために注意事項は明記しよう

商品の説明が足りないと、受け取った後にクレームが来ることが実際にあります。また、悪い評価を付けられることもあります。後でトラブルにならないように、はじめから説明欄に記載しておきましょう。

中古品であることを記載する

自分は美品だと思っても、他人にはそう見えないこともあります。目立たない程度の傷も、他人には目立って見えるかもしれません。セーターやコートの小さな毛玉が気になる人もいます。クレームが心配なら、「中古品であることをご理解のうえ、購入してください」「自宅保管であることをご了承ください」と記載しておきましょう。

見落としがあるかもしれない場合

子供服のシミや問題集の書き込みなどが、意外な部分に残っていることがあります。評価欄に、「美品だと思ったのにシミがありました」「書き込みがありました」と書かれてしまうことがあるので、「素人の検品なので見落としている場合があります」または「一通り確認しましたが、見落としがあるかもしれません」と記載しておきましょう。

メルカリ初心者の場合

メルカリを始めたばかりの人は、取引がスムーズにいかないのは仕方のないことです。一方で、コメントの返信や発送が遅いとイライラする人もいるようです。説明欄に「メルカリ初心者なので至らない点もあるかと思いますが」「メルカリを始めたばかりで不慣れですが」と記載しておけば、理解してもらえます。

🎁 発送日と発送方法を説明欄にも記載する

普通郵便やゆうメールなどは2、3日かかり、らくらくメルカリ便より時間がかかります。「配送の方法」欄で設定していても見落とすことがあるかもしれません。「らくらくメルカリ便で届くと思っていたら、普通郵便で時間がかかった」ということがないように、普通郵便やクリックポストで送る場合は、説明欄にも記載しておきましょう。

また、出品はしたけれど、仕事や家庭の事情で「ひょっとしたらすぐに発送できないかもしれない」というときもあるでしょう。そのような場合は、商品説明欄とプロフィールに「迅速な対応を心がけておりますが、諸事情で発送が遅れる場合があります」と記載しておけば大丈夫です。

Memo スピード発送バッジとは

商品情報の出品者名の下に「スピード発送」というバッジが表示されていることがあります。これは、商品が購入されてから発送するまでの時間が平均して24時間以内のユーザーに表示されます。このバッジが付いているユーザーから購入すれば、早めに対応してくれます。

メルカリで効果的なキラーワードはこれ!

なんとしても売りたいと思ったときには、「安さ」と「希少価値」を意識した
キーワードを入れると注目されやすくなります。それぞれのキーワードには、
「★」や「!」を付けたり「【】」で囲むとより効果的です。

● 安さ

「値下げ」「最安値」「激安」
「SALE」「タイムセール」「週
末セール」「ゲリラセール」を使
うと、安さが強調され、買わない
と損するような気持ちになります。

● 希少価値

「レア」「希少」「入手困難」「非
売品」「限定」「コラボ」を使うと、
希少価値が高まり、「今すぐにで
も買わなければ・・・」と購買意
欲が高まります。

● 特別感

「おまけ付き」「リピ割」「まとめ割」
「即日発送」「即完売」を入れ
ることで、「この人から買いたい!」
という気持ちになります。

🎁 商品別梱包方法

● 衣類

綺麗に折りたたんで、OPP袋（Sec.65参照）に入れてから、封筒やビニール袋に入れて送ります。複数枚で厚みがある場合は封筒に入らないので、大きめの紙袋に入れます。

● コスメ

割れやすいものが多いので、緩衝材で包んでから封筒や箱に入れると安心です。化粧水や香水は、必ずビニール袋やジップロックに入れて密封してください。

● アクセサリー

衛生的に見えるように透明の袋に入れましょう。ネックレスは画用紙に切れ目を入れて固定したり、ピアスは紙に針で穴を開けて差し込んで固定したりすると、からまることがありません。

●本、CD、DVD

雨がしみ込まないようにOPP袋に入れてから封筒に入れます。文庫本は厚紙と一緒にハンディラップ（ダイソーにも有り）で巻き付けると固定でき、ネコポスで送れます。CD・DVDはケースに指紋が付かないように気を付けながら緩衝材で包んでください。

●スマホ・カメラ

買った時の箱が残っていれば、その箱に入れます。残っていない場合はエアパッキンで梱包し、メルカリ便の専用箱に入れましょう。

●おもちゃ・小物

緩衝材で包みます。厚みが7cmまでのものは、「ゆうゆうメルカリ便（ゆうパケットプラス）」の専用箱に入れて送ります。

●靴

配送中に型崩れしないように、緩衝材か紙を靴の中に詰め、さらに緩衝材で包んでから、紙袋または箱に入れます。買った時の箱が残っていれば、その箱に入れて送りましょう。

●植物

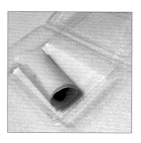

濡らしたティッシュを巻き付ける、キッチンペーパーで包むなど、植物の性質に合わせて梱包します。第4種郵便の場合は中身が見えるようにする必要があります。なお、品種登録されている植物は、種苗法により売買禁止なので注意してください。

Memo 家電・パソコン

テレビや電子レンジ、パソコン、プリンタなどは、3辺が160cm以内かつ25kg以内であれば「らくらくメルカリ便」で送れるので、緩衝材で包んでから段ボールに入れ、隙間に緩衝材または紙などを詰めてください。持ち運びが困難な人は100円プラスすれば集荷に来てもらえます。

Section 65 梱包に便利なグッズ

商品の発送に慣れていないうちは、梱包に時間がかかることがあります。あらかじめメジャーや緩衝材などの梱包グッズを用意しておくと、資材を調達する時間を省くことができ、スムーズに梱包作業ができます。

🎁 あると便利な梱包グッズ

● はかり・メジャー

普通郵便やゆうメールは重さによって料金が異なるので、重さをはかるにはかりがあると便利です。また、宅急便やゆうパックは3辺の長さで送料が異なるので、メジャーで測って計算します。

● 緩衝材（プチプチ）

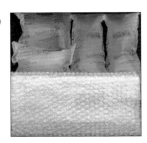

壊れやすい物を包むときや、隙間を埋めるとき、型崩れを防ぐときなどに使えます。ネットショップの買い物時に入っていたら取っておくかホームセンターでロール巻きを買うとお得です。

● テープ類

封筒や段ボールを閉じるときに使うテープを用意しておきましょう。マスキングテープは粘着跡が残らないため、ペンやアイライナーなどをまとめるときや厚紙に固定するときに役立ちます。

● 封筒

A4サイズの封筒は、衣類、書籍等いろいろな物に使えるのでストックしておくと役立ちます。100円ショップよりホームセンターで大袋を買う方がお得です。

● OPP袋

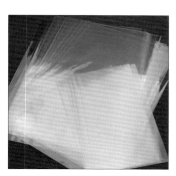

OPP袋はプラスチック素材をフィルム状にした透明袋のことです。衣類や本を送る時に、OPP袋に入れてから封筒や袋に入れるとお店の商品のようになります。ホームセンターや100円ショップにあります。

● 厚さ測定定規

定規の穴に通すことでネコポスやゆうパケットで送れる厚さか否かがわかる定規です。以前はメルカリストアに売られていたのですが、現在は販売されていません。100円ショップの「ダイソー」に「厚さ測定定規」として売られているので見つけたら買うとよいでしょう。

Memo 空き箱を有効活用

ヨドバシ.comやAmazonなどのネットショップで買ったときの空き箱がきれいでおすすめです。サイズ違いを3、4個、送り状ラベルをはがして畳んでおきましょう。

商品別おすすめ発送方法

どの発送方法で送るかは出品者が自由に決められます。ですが、はじめのうちは
どれにしたらよいか迷うかもしれません。ここでは、送料と補償を踏まえたうえで、
「衣類」や「コスメ」などの出品数が多い商品のおすすめ発送方法を紹介します。

種類別おすすめ配送方法

● 衣類

Tシャツや薄手のパーカーなどはA4サイズに折りたたみ、厚さが3cm以内なら「らく
らくメルカリ便（ネコポス）（210円）」で送れます。最安は「クリックポスト（185円）」
ですが、匿名配送が使えず補償もないので、25円違いならネコポスをおすすめします。
厚みがあるセーターやトレーナーは、「らくらくメルカリ便（宅急便）」使えば、80サ
イズ（3辺合計80cm以内）でも850円で送れます。

● コスメ

アイライナーやアイブロウペンシルのような厚みがないものは、「普通郵便」で安く送
れます。厚さが3cm以内のアイシャドウやファンデーションは「らくらくメルカリ便（ネ
コポス）（210円）」、香水やマニキュアは「らくらくメルカリ便（宅急便コンパクト）（450
円＋箱代70円）」がおすすめです。ただし、航空便は使えないので配送先によっては
日数がかかかります。なおメルカリの公式サイトには、香水（アルコールフリーと練
り香水は除く）のゆうゆうメルカリ便は原則不可と記載されています。

● アクセサリー

送料を安くするなら「普通郵便」。高価な物は補償がある「らくらくメルカリ便（ネコ
ポス）」（210円）がおすすめです。

● 本

「らくらくメルカリ便（ネコポス）」か「クリックポスト」です。漫画本なら4冊まで送
れます。8冊セットの場合は、クリックポストを2回に分ければ、370（185×2）円
なのでお得です。

● CD・DVD

1枚なら緩衝材に包んでも「らくらくメルカリ便（ネコポス）」で送れます。複数枚で厚みが出るようなら、「ゆうパケットプラス（455円＋箱代65円)」を使うと厚さ7ｃｍまで対応できます。

● おもちゃ・小物

厚さが3cm以内なら「らくらくメルカリ便（ネコポス）（210円)」、厚みがあるなら「ゆうゆうメルカリ便（ゆうパケットプラス）（455円＋箱代65円)」。宅急便コンパクト薄型専用BOXは厚さが5cm以上でも閉まりますが、サイズオーバーで宅急便に変更され、送料が高くなる場合があるので注意してください。

● 靴

「らくらくメルカリ便（宅急便)」がおすすめです。ゆうゆうメルカリ便（ゆうパック）より20円安いです。

● スマホ・カメラ

スマホは、箱なしなら「らくらくメルカリ便（宅急便コンパクト）（450円＋箱代70円)」、箱があると厚みが出るため「らくらくメルカリ便（宅急便)」です。カメラも「らくらくメルカリ便（宅急便)」。なお、リチウム電池の機器は航空便が使えないため、配送先によっては日数がかかります。

● 植物

挿し木や苗は、植物種子や苗木用の第4種郵便で安く送ることができます。ただし、補償はありません。この場合、出品時の配送方法欄は「未定」にします。

● テレビ・電子レンジ

160サイズ、25kg以内の物なら、らくらくメルカリ便（宅急便）が使えます。運ぶのが大変な場合は、プラス100円で集荷に来てもらえます。

● 洗濯機・冷蔵庫・ベッド・ダイニングテーブル

大型家電や家具は捨てるにも処分料がかかるので、メルカリに出品しましょう。大型商品を集荷から梱包、搬出までおこなってくれる「梱包・発送たのメル便」があります。ただし、サイズが大きいので送料が高くなり、200サイズのタンスは5,000円、350サイズのベッドは18,500円となります。送り先が近隣の都道府県の場合は、ヤマトホームコンビニエンスの「らくらく家財宅急便」の方が若干安いですが、基本的に大きいものは送料が高いということを念頭に置いて出品してください。

悪い評価を付けられてしまったとき

● 「悪い」の評価は取引に影響するの？

特に問題なく取引きできれば、ほとんどの人が「良い」の評価を付けてくれます。ですが、まれに「悪い」の評価を付ける人もいます。一度付けた評価は変更できないため永久に残ってしまいます。

多少のトラブルがあった取引の場合は仕方がありません。その場合は、プロフィール欄に理由を記載しておくとよいでしょう。たとえば、「「悪い」の評価が1つ付いていますが、仕事が忙しく対応に遅れてしまったときに付いたものです。可能な限り迅速・丁寧な対応を心掛けているのでよろしくお願いします」のように記載しておけば、それほど気にする人はいないはずです。たとえ悪い評価が付いてしまっても、落ち込まずにメルカリを続けましょう。

もし取引がうまくいったのに「悪い」の評価が付けられて納得がいかない場合は、メルカリ事務局に相談することも検討してください。

148

第**6**章

メルペイを使いこなす
テクニック

メルペイのしくみを知ろう

メルカリをやっていると、たびたび「メルペイ」という言葉が出てきます。すでに使っている人もいるかもしれませんが、メルカリの売上金のしくみと一緒に、メルペイがどのようなものであるかを説明しましょう。

🎁「メルペイ」ってどんなサービス?

メルペイとは、「メルカリ」アプリで使えるスマホ決済サービスです。メルカリ内の買い物だけでなく、PayPayと同じようにコンビニやファミレスなどの実店舗でも使うことができます。

Section10の本人確認を行っていない場合、メルカリで売って得たお金は「売上金」として保管され、買い物をするときには売上金をポイントに換えてから使うことになります。売上金は180日以内にポイントを購入するか、振込申請が必要で、放置した場合は登録している銀行口座に振り込まれますが、振込手数料が引かれます。ポイントにも有効期限があり、購入日から365日を過ぎるとせっかく貯めたポイントが消えてしまいます。

一方、本人確認を行っていると、ポイントを購入する必要がなくなります。メルペイに入っているお金を「メルペイ残高」と言いますが、売上金が自動的にメルペイ残高に入り、メルカリ内の商品はもちろん、実店舗でもメルカリで売って得たお金でそのまま買い物ができるようになります。また、メルペイ残高がないときは銀行口座やセブン銀行ATMを使ってお金を入れることができます。

●本人確認をしていない場合

商品を売る→売上金→ポイントを買う→買い物

●本人確認をしている場合

商品を売る→メルペイ残高→買い物

🎁「支払い」画面

メルペイを使うときは、画面下部の<支払い>をタップします。

横にスワイプすると、「メルカード」や「バーチャルカード」「その他の便利な支払い」に切り替わります。

❶バーコード	お店で支払うときにバーコードを読み取ってもらいます。
❷QRコード読み取り	お店でQRコードを読み取る場合にタップします。
❸メルペイが使えるお店	メルペイが使えるお店を調べられます。
❹ポイント+残高	タップすると支払い方法を変更できます。
❺残高にチャージ	メルペイ残高にお金を入れるときにタップします。
❻お得	お店で使えるクーポンなどが表示されます。
❼毎月の利用状況	月ごとの利用状況が表示されます。
❽支払い設定	メルペイの設定画面を表示します。
❾カード一覧	メルカード（クレジットカード）またはバーチャルカードを表示します。
❿ガイド	メルペイの説明画面が表示されます。
⓫メルペイ導入のお申込み	事業者がメルペイ加盟店に申し込むときにタップします。

Section 68 メルペイを使える場所を知ろう

メルペイに入っているお金は、メルカリ内の商品を買えるだけでなく、実際のお店でも使えます。お財布を持っていなくてスマホさえあれば買い物ができますし、メルカリで売って得たお金なので所持金を使わずにすみます。

🎁 メルペイが使えるお店

メルペイに入っているお金「メルペイ残高」はメルカリで商品を買うときに使えますが、メルペイに対応している実店舗でも使えます。セブンイレブン、ダイソー、マツモトキヨシ、トイザらス、LOFT、高島屋など、メルペイコード決済に対応しているお店がたくさんあります。

また、iD決済を使えるように設定していれば、マクドナルドやイオンなどでも使えます。さらに、ふるさとチョイス、@cosme SHOPPING、Google Playなど一部のネットショップでも使用可能です。

使用できるお店は、メルペイのwebサイト（https://www.merpay.com/shops/）に載っています。また、スマホの位置情報をオンにしていれば、「支払い」画面の ◎ をタップして現在地の近くにあるお店を調べることができますし、お店のレジ付近にはメルペイのマークがあります。

Memo メルカードとは

メルカードは年会費永年無料のクレジットカードで、JCB加盟店で使うことができます。申し込むには「支払い」画面の上部のカードをスワイプして「メルカード」の「申し込む」をタップして手続きします。

購入されたのに
支払いがない

商品を購入したものの、忙しくてすぐに支払いができない人もいます。催促せず、少し待ってから聞いてみましょう。もし支払いがない状態が続いた場合はキャンセルすることもできます。

購入者に支払いをお願いする

コンビニ払いやATM払いで購入があった場合、なかなか支払ってくれないことがあります。支払い期限は購入手続きから3日です。支払いに行けない理由があるのかもしれないので、取引画面のメッセージ欄に「先日はご購入ありがとうございました。まだ支払いが済んでいないようですが、いつ頃になりますか？」と聞いてみましょう。

返信がなく一向に支払われない場合は、取引画面の下部にある＜この取引をキャンセルする＞をタップし、キャンセル理由を入力して、＜キャンセルを申請する＞をタップします。なお、キャンセル後は取引画面が削除され、購入者にメッセージを送れなくなるので、本当にキャンセルしてよいか考えて操作してください。

第
7
章

安心・安全に楽しむためのQ＆A

受取評価がされない

通常ネットショップで商品を購入した場合、受け取った後の評価は必須ではありませんが、メルカリでは評価を付けないと取引が完了しない仕組みになっています。購入者が評価を付けてくれない場合はどのようにすればよいか説明します。

購入者に評価をお願いする

メルカリでは評価を付けないと出品者に売上金が入りません。また、購入者が評価を付けてから、出品者が付けるようになっています。

購入者によっては、毎日郵便ポストを見ない人や、メルカリを始めたばかりで気づかない人もいるので少し待ってあげましょう。

いつまで経っても評価がつかない場合は、メルカリから購入者へ評価を促す通知が行きます。それでも評価されない場合は、発送通知をした9日後の13時以降に自動的に取引が完了し、出品者に売上金が入るようになっています。ですが、その場合は双方の評価と評価コメントが付きません。評価を増やしたい場合は、自動完了する前に取引画面のメッセージ欄から「先日はご購入ありがとうございました。商品はお手元に届きましたでしょうか？すでに届いているようでしたら評価をお願いします」と送ってみましょう。

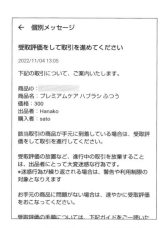

メルカリから購入者に評価を促す通知が届きます。

コメント欄からも催促して見ましょう。

Section

91 夜間の通知がうるさい

夜中でもメルカリを使っている人がいるので、寝ている時に「いいね！」やコメントが付くこともあります。それらの通知が頻繁にきてうるさいと感じる場合は、通知をオフにできます。

🎁 夜間モードを設定する

メルカリアプリの＜マイページ＞→＜お知らせ・機能設定＞で通知をオフにすることができます。

ただし、昼間の通知が届かないと取引に支障をきたすので、スマホ本体の夜間通知をオフにするとよいでしょう。

iPhone（iOS16.0）の場合は、画面右上から下に向かってスワイプしてコントロールセンターを表示し、＜集中モード＞をタップして＜おやすみモード＞をタップしてオンにします。時間を設定する場合は、「設定」アプリの＜集中モード＞→＜おやすみモード＞でスケジュールを設定してください。特定のアプリの通知は許可するといったことも可能です。

Androidの場合は機種によって設定方法が異なり、夜間モードが設定できないものもあります。

●iPhoneのおやすみモード

コントロールセンターで＜集中モード＞をタップして＜おやすみモード＞をタップします。

「設定」アプリの＜集中モード＞→＜おやすみモード＞でスケジュールを設定できます。

アカウントの利用が制限されてしまった

メルカリでは、利用者の安心・安全を守るために24時間体制で監視しています。禁止行為があった場合は、警告や利用制限の対象となります。悪質な場合は強制退会となり、永久にメルカリが使えなくなる場合もあります。

反省して解除されるのを待つ

Sec.11で説明した禁止行為や禁止商品の出品をするとアカウントの利用を制限されることがあります。その際には、メルカリ事務局から連絡が来るので、＜お知らせ＞画面またはメールで確認してください。いつ解除されるかはメルカリ次第なのでわかりません。一時的な利用停止だけでなく、強制的に退会させられることもあるので、違反しないように日頃から気を付けることが大事です。今一度、＜マイページ＞→＜ガイド＞にある「ルールとマナー」や「利用規約」を読んでおきましょう。

93

スマホを買い替えたときは どうする?

今まで使っていたスマホから新しいスマホに替える時、メルカリではデータのバックアップを取ったり、アカウントを作り直したりする必要はありません。同じアカウントを使って今まで通りに使うことができます。

🎁 今までのアカウントでログインする

スマホを買い替えた場合、新規登録する必要はありません。メルカリでは1人1アカウントという決まりがあるので、スマホが新しくなったからといって新しいアカウントを作成しないようにしてください。

まずは古いスマホのメルカリに登録しているメールアドレスを確認しておきましょう。
<マイページ>→<個人情報設定>→<メール・パスワード>で確認できます。パスワードがわからない場合はSec.94の方法で再設定することが可能です。

新しいスマホに、メルカリアプリをインストールし、<ログイン>をタップして、<メール・電話番号でログイン>をタップします。これまで使っていたアカウントのメールアドレスとパスワードでログインすると、以前のスマホと同じように使えます。

第 7 章

安心・安全に楽しむためのQ & A

Section 94 パスワードを忘れてしまった

パソコンでメルカリを使う時やスマホを買い替えた時に、ログインしようとしたらパスワードを忘れてしまったということがあるかもしれません。そのような時は、新しいパスワードを作成してログインできます。

パスワードを再設定する

新しいスマホで、パスワードを忘れてログインできない場合、ログイン画面にある<パスワードを忘れた方はこちら>をタップして、メールまたは電話番号を入力して<パスワードをリセットする>をタップします。メルカリに登録したメールまたはSMSで送られてきたリンクをタップして新しいパスワードを設定します。

パソコンの場合も、<ログイン>をタップして、<メール・電話番号でログイン>→<パスワードを忘れた方はこちら>をタップします。メールアドレスを入力したらパスワードを再設定してください。

99 メルカリを退会したい

一時的にメルカリを止めたいときには、Sec.44の方法で出品物を停止すれよい
のですが、今後一切利用しないという場合は退会することも可能です。その際、
取引中の商品がある場合は、取引が完了してからの退会となります。

取引を完了してから退会する

退会手続きをする前に以下の項目をチェックしてください。

・出品中の商品があれば削除してください。
・取引中の商品がある場合は、取引が完了するまで退会できません。
・売却済みの商品は、最終取引メッセージから2週間を経過しないと退会できません。
・売上金がある場合は、買い物で使うか振込申請しておきましょう。
・振込申請をしている場合は、口座に振り込まれたことを確認してから退会します。
・メルペイスマート払いが未払いの場合は支払いを済ませてください。
・お支払い銀行口座を登録している場合は削除してください。
・iD決済を設定している場合は削除します。

退会手続きは、＜マイページ＞→＜お問い合わ
せ＞→＜お問い合わせ項目を選ぶ＞→＜アプリの
使い方やその他＞→＜退会したい＞→＜お問い合
わせする＞をタップします。退会の理由を選択し、
2箇所にチェックを付けて＜上記に同意して退会
する＞をタップします。

Index

お問い合わせについて

本書に関するご質問については、本書に記載されている内容に関するものﾉﾉﾉ
ものﾉﾉﾉ本書に記載されている内容に関する
もののみとさせていただきます。本書の内容と関係のないご質問につきましては、一切お答えできませんので、あらかじめご了承ください。また、電話でのご質問は受け付けておりませんので、必ず FAX か書面にて下記までお送りください。
なお、ご質問の際には、必ず以下の項目を明記していただきますようお願いいたします。

1 お名前
2 返信先の住所または FAX 番号
3 書名
　（ゼロからはじめる　メルカリ　売り買いをもっと楽しむ！
　ガイドブック）
4 本書の該当ページ
5 ご使用のソフトウェアのバージョン
6 ご質問内容

なお、お送りいただいたご質問には、できる限り迅速にお答えできるよう努力いたしておりますが、場合によってはお答えするまでに時間がかかることがあります。また、回答の期日をご指定なさっても、ご希望にお応えできるとは限りません。あらかじめご了承くださいますよう、お願いいたします。ご質問の際に記載いただきました個人情報は、回答後速やかに破棄させていただきます。

お問い合わせ先

〒 162-0846
東京都新宿区市谷左内町 21-13
株式会社技術評論社　書籍編集部
「ゼロからはじめる　メルカリ　売り買いをもっと楽しむ!ガイドブック」質問係
FAX 番号　03-3513-6167
URL：https://book.gihyo.jp/116

■ お問い合わせの例

FAX

1 お名前
　技術　太郎
2 返信先の住所または FAX 番号
　03-XXXX-XXXX
3 書名
　ゼロからはじめる
　メルカリ　売り買いをもっと
　楽しむ！ガイドブック
4 本書の該当ページ
　40 ページ
5 ご使用のソフトウェアのバージョン
　iPhone 14（iOS 16.0）
6 ご質問内容
　手順3の画面が表示されない

ゼロからはじめる **メルカリ 売り買いをもっと楽しむ! ガイドブック**

2023 年 2 月 7 日　初版　第 1 刷発行
2023 年 7 月 14 日　初版　第 2 刷発行

著者	………………………	桑名　由美
発行者	………………………	片岡　巌
発行所	………………………	株式会社 技術評論社
		東京都新宿区市谷左内町 21-13
電話	………………………	03-3513-6150　販売促進部
		03-3513-6160　書籍編集部
編集	………………………	伊藤　鮎
装丁	………………………	坂本真一郎（クオルデザイン）
装丁イラスト	………………	サカモトアキコ
DTP・本文フォーマット	…	株式会社リンクアップ
本文イラスト	………………	株式会社リンクアップ
製本／印刷	…………………	図書印刷株式会社

定価はカバーに表示してあります。

落丁・乱丁がございましたら、弊社販売促進部までお送りください。交換いたします。

本書の一部または全部を著作権法の定める範囲を超え、無断で複写、複製、転載、テープ化、ファイルに落とすことを禁じます。

ISBN978-4-297-13253-8　C3055

Printed in Japan